¿Qué sabemos sobre el Chupacabras?

Pam Pollack y Meg Belviso

ilustraciones de Andrew Thomson

traducción de Yanitzia Canetti

Penguin Workshop

Para Jocia Alcala y Ariel Medina—PP

Para Jena y Sean—MB

Para Cerys y Rhia—AT

PENGUIN WORKSHOP
Un sello editorial de Penguin Random House LLC, Nueva York

Publicado por primera vez en los Estados Unidos de América por Penguin Workshop,
un sello editorial de Penguin Random House LLC, Nueva York, 2023

Edición en español publicada por Penguin Workshop, un sello editorial de
Penguin Random House LLC, Nueva York, 2024

Derechos © 2023 de Penguin Random House LLC
Derechos de la traducción en español © 2024 de Penguin Random House LLC

Traducción al español de Yanitzia Canetti

PENGUIN es una marca comercial registrada y PENGUIN WORKSHOP es una marca
comercial de Penguin Books Ltd. Who HQ & Diseño es una marca registrada de
Penguin Random House LLC.

Visítanos en línea: penguinrandomhouse.com.

Los datos de catalogación en Publicación de la Biblioteca del Congreso están disponibles.

Impreso en los Estados Unidos de América

ISBN 9780593752357   10 9 8 7 6 5 4 3 2 1 CJKW

Contenido

¿Qué sabemos sobre el Chupacabras?

En la mañana del 22 de mayo de 1995, Don Francisco Ruiz salió de su casa a caminar, en Humacao, en la costa este de Puerto Rico. Además de hermosas playas, Humacao cuenta con un bosque tropical y vastas llanuras donde se siembra y se crían animales.

Francisco era ganadero. Cuando salió a atender a sus animales esa mañana, su ganado estaba bien. Pero cuando llegó al corral de sus cabras, recibió una terrible conmoción. Tres de sus cabras yacían muertas en el suelo.

Francisco se arrodilló para examinarlas. Todas tenían lo que parecían marcas de pinchazos en su cuerpo. Pensó que un animal podría haberlas atacado. Pero, ¿qué tipo de animal? Miró más de cerca las heridas punzantes. Algo había pinchado a sus cabras. ¡Pero no había sangre en el suelo ni en las heridas! ¡Parecía como si la sangre de las cabras hubiera sido completamente extraída!

Don Francisco sabía mucho sobre animales. Él sabía lo que comía el ganado y cómo se comportaban las cabras. Pero probablemente no entendió completamente lo que estaba mirando.

¿Qué había pasado esa noche? ¿Qué clase de animal le haría esto a sus cabras? A Francisco se le enfrió la sangre en las venas. Recordó informes en los periódicos locales y en la radio sobre animales de granja con extrañas heridas, animales que habían sido encontrados con su sangre completamente drenada. Aunque nadie había

visto a la criatura que hacía esto, su nombre se susurraba en todo el territorio de Puerto Rico. En español lo llamaban el Chupacabras, o "chupador de cabra". ¿Habría visitado esta misteriosa bestia la granja de Francisco?

CAPÍTULO 1
Los críptidos

Hoy en día, es fácil buscar información en libros o en Internet sobre los animales que existen. Sabemos por qué algunos comen plantas mientras que otros comen carne. Entendemos por qué algunos tienen pelaje y otros tienen escamas así como dónde viven y cómo se mueven. Incluso si nunca has visto un pingüino, es  muy fácil encontrar fotos o videos de ellos.

Hace mucho tiempo, esto no era así. La gente no tenía idea de qué tipo de criaturas vivían en los diferentes lugares del mundo. Ellos se imaginaban criaturas como las Sirenas, mitad mujer y mitad pez; y monstruos como el Ictiocentauro, que era parte humano, parte caballo, parte pez y tocaba instrumentos musicales. Muchos seres que sabemos hoy que son imaginarios, antes se pensaba que eran reales. Los cartógrafos dibujaban bestias y animales míticos en los mapas para indicarle a la gente dónde podían encontrarse. Para alguien que no había visto un elefante, esa enorme criatura podría parecerle un unicornio imaginario.

Ictiocentauro

Incluso hoy, no estamos seguros de haber documentado todos los animales que existen en el mundo. La Criptozoología estudia criaturas misteriosas cuya existencia aún no ha sido probada. *Crypto* significa oculto y *zoología* es el estudio de los animales. Los animales que buscan los criptozoólogos se llaman críptidos porque si existen en el mundo, permanecen ocultos. No tenemos pruebas de que existan. *Bigfoot* (Pie grande), el gigante peludo que dicen que acecha los bosques de América del Norte, es un críptido. Igual que *Nessie,* el monstruo submarino que se dice que vive en el lago Ness, en Escocia. Y también lo es el Chupacabras.

Monstruo del lago Ness

La Criptozoología no es una verdadera ciencia, porque la ciencia estudia cosas que se pueden observar. Pero muchos creen que los informes sobre seres como *Bigfoot* deben tomarse en serio. Después de todo, algunos animales que alguna vez parecieron fantásticos resultaron ser muy reales.

Bigfoot

El narval es un tipo de ballena dentada que vive en los océanos Atlántico y Ártico. Debido al gran colmillo que crece fuera de su mandíbula superior, es apodado "el unicornio del mar". En la Edad Media (un período desde finales de los años 400 hasta 1400), los colmillos del narval se vendían como cuernos de unicornio reales. Algunos creían que tenían poderes mágicos.

Los narvales existen. Sin embargo, cada mes, casi 15 000 personas buscan en Internet para preguntar: "¿Son reales los narvales?". Por eso incluso a veces se cuestiona la existencia de animales que han sido bien estudiados.

El narval

El *Kraken*

Durante siglos, los marineros han contado historias de un terrible monstruo marino que vivía bajo las olas y atacaba sus barcos con sus tentáculos gigantes. Los escandinavos lo llamaron el *Kraken*. En Japón era conocido como *Akkorokamui*. Los antiguos griegos lo llamaron *Teuthos*.

Con tantas culturas diferentes creyendo en él, ¿podría el *Kraken* ser real? Resulta que sí, lo fue y lo es. El calamar gigante, como se le llama hoy, vive en las profundidades del océano. El más grande encontrado hasta ahora tenía 43 pies de largo y pesaba una tonelada (¡eso es 2000 libras!). Una especie de calamar gigante tiene tentáculos largos y poderosos cubiertos de ventosas que están llenas de dientes.

¡Este es un monstruo que hace honor a su leyenda!

Para estar seguros de que un animal es real, necesitamos pruebas, como el cuerpo de un calamar gigante o un narval capturado. Cualquier indicio real del animal, cualquier pequeña evidencia servirá para demostrar su existencia: un mechón de pelo, una huella, un nido o un trozo de piel o unas escamas. Eso es lo que buscan los criptozoólogos. En 1995 comenzaron a buscar un nuevo críptido en Puerto Rico: el Chupacabras.

CAPÍTULO 2
Los titulares

El pueblo de Orocovis se encuentra en la Cordillera Central de Puerto Rico. Las montañas cruzan la isla de este a oeste, dividiéndola en dos llanuras costeras: la del norte y la del sur. Debido a su ubicación central, a Orocovis a veces se le llama el Corazón de Puerto Rico. Muchas personas en la región se ganan la vida cultivando trigo y café, o criando ganado como cabras, ovejas y vacas.

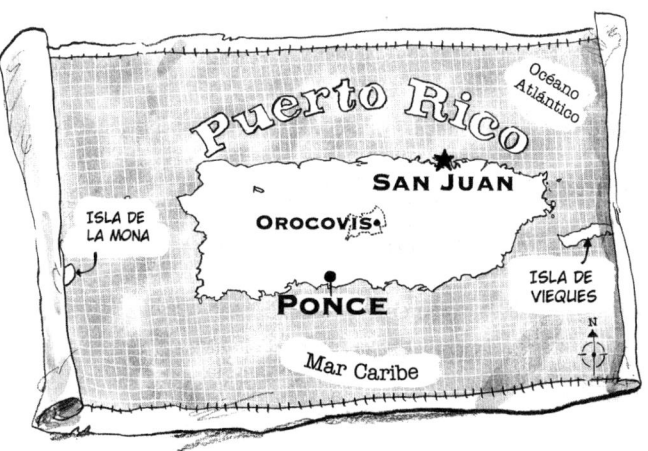

Puerto Rico

Puerto Rico, ubicado en el Mar Caribe, está formado por 143 islas de varios tamaños, de las cuales solo tres están habitadas. En total, cubre aproximadamente 3500 millas cuadradas. Casi una cuarta parte del terreno se compone de pendientes pronunciadas, con tierras bajas cerca de las costas. En el 2020, había 3 millones 286 mil habitantes en Puerto Rico.

En el siglo XV la isla fue llamaba Borinquén por los taínos, uno de los dos grupos principales de nativos que vivían allí (el otro grupo eran los caribes). Los conquistadores europeos, llegaron de España en busca de oro y otras riquezas. Renombraron a la Isla como Puerto Rico, que en español significa "puerto con riquezas". Los españoles esclavizaron o mataron a la mayoría de los nativos de la isla y trajeron a personas esclavizadas de África para que trabajaran para ellos. Muchas personas que viven en Puerto Rico hoy en día descienden de una combinación de grupos indígenas, europeos y africanos negros. En 1917, Puerto Rico pasó a formar parte de los Estados Unidos.

En marzo de 1995, residentes de Orocovis y de la ciudad cercana de Morovis se despertaron y descubrieron que parte de su ganado había sido asesinado. Los ganaderos encontraron sus cabras, ovejas y vacas muertas con pequeñas heridas punzantes en el cuello. Aún más escalofriante, la

sangre de los animales parecía haber sido drenada. Nadie había visto evidencia de persona o animal que pudiera haberlos matado. ¿Quién atacaba a su valioso ganado? Cuando Don Francisco Ruiz encontró sus propias cabras muertas afuera de su casa en Humacao, ya había oído hablar de los ataques en Orocovis. Finalmente, a la misteriosa criatura se le dio un nombre: Chupacabras, o "chupador de cabras".

Darle un nombre a la criatura hizo más fácil hablar de ello. Al principio, las historias se difundieron de persona a persona. La gente transmitió rumores que escucharon de un primo sobre un vecino cuyas ovejas habían sido asesinadas por un monstruo. Pero pronto las historias llamaron la atención de los periódicos locales. Los editores sabían que las ventas se dispararían con titulares sobre un monstruo acechando el campo.

¿Quién le puso nombre al monstruo?

La palabra Chupacabras no necesita explicación cuando sabes cómo se alimenta la criatura, pero ¿cuál es el origen del nombre? El crédito va al músico puertorriqueño, escritor y comediante Silverio Pérez.

Silverio Pérez

Silverio, que nació en 1948 en Guaynabo, Puerto Rico, presentaba un programa de radio en San Juan, la capital, en 1995. La conversación se centró en los misteriosos ataques de animales que ocurrían. Se refirió a la criatura como un Chupacabras, el chupador de cabras, como una broma, y el nombre se hizo popular.

En 1995, el periódico más popular en Puerto Rico era *El Vocero,* que significa "el portavoz". Hoy en día, este periódico publica muchos tipos de noticias, pero en 1995 era conocido por su enfoque en historias dramáticas, especialmente violentas, que anunciaba en grandes titulares rojos.

El Chupacabras se convirtió muy pronto en la estrella de *El Vocero.* El periódico publicó varias historias sobre la criatura, a menudo escritas por la misma persona. El reportero Rubén Darío

Rodríguez escribió casi la mitad de los artículos sobre el Chupacabras. Cuantas más historias escribía, más emocionantes se volvían los detalles. Los reporteros de *El Vocero* no dedicaron mucho tiempo tratando de probar si las historias eran ciertas o no. Simplemente repetían lo que la gente les decía.

Por ejemplo, en noviembre de 1995, el periódico afirmó que el Chupacabras había matado a un gato y una oveja antes de tragarse un cordero. En realidad, nadie vio al cordero siendo tragado por nada. Esa fue solo la conclusión de los periodistas cuando no se pudo encontrar el cordero. Días más tarde, se informó que el Chupacabras había matado a 5 pollos antes de hacerle una marca en el brazo a una niña de 5 años cuyos padres eran dueños de los pollos.

¡Se dice que la marca convirtió a la niña en un genio! No hubo historias de seguimiento que demostraran que la niña ahora era brillante, y nadie examinó la misteriosa marca en su brazo. Simplemente pasaron a otra historia.

Ya sea porque la gente creyera o no alguna o todas estas historias, sin dudas popularizaron a la misteriosa criatura. Pero si el Chupacabras era un animal real, se preguntaban algunos, por qué comenzó a ser reportado en 1995. Pues la gente había criado ganado en Puerto Rico durante siglos. ¿Por qué los agricultores tardaron hasta finales del siglo XX en dar nombre a una criatura que se aprovechaba de su ganado?

Aquellos que creen que el Chupacabras existe tienen explicaciones para todo esto. Una de las teorías más populares involucra al gobierno de los Estados Unidos.

Según esa teoría, el Chupacabras fue creado por científicos que trabajaban para el gobierno de los Estados Unidos. Ellos crearon un animal completamente nuevo, utilizando características de otras criaturas que ya existían.

Esta idea es similar a la trama de la película *Species*, que se estrenó en Puerto Rico el 7 de julio de 1995, cuando las historias sobre el Chupacabras ya estaban en las noticias.

La idea de que científicos estadounidenses realizan experimentos secretos en América Latina, donde se habla español y portugués, no es nueva para sus habitantes. Esto es especialmente cierto  en la tierra natal del Chupacabras, Puerto Rico, que es un territorio estadounidense. El Servicio Forestal del Departamento de Agricultura de los EE. UU. ha realizado experimentos en el Bosque Nacional El Yunque, en Puerto Rico, incluidas pruebas relacionadas con la radiación atómica, para ver qué efecto tenía en las plantas la radiación gamma, un tipo de energía producida cuando explota una bomba atómica. Aunque muchas plantas nativas sobrevivieron, hay mucho que los científicos aún no saben sobre cómo estos peligrosos rayos podrían haber cambiado el bosque y la tierra que lo rodea. Era comprensible que el pueblo de Puerto Rico estuviera enojado. El gobierno de los EE. UU. también almacenó

y probó productos químicos peligrosos en Puerto Rico, incluidos venenos que podrían filtrarse en el suelo, contaminar el agua y enfermar a

Bosque Nacional El Yunque

los animales y a las personas. Muchos de estos experimentos se ejecutaron desde una instalación de la marina de los EE. UU. en Vieques, lo que hizo que la población local se sintiera descontenta con la existencia de la instalación y desconfiara de cualquier cosa que pudiera estar pasando allí.

Con esta historia, es fácil ver por qué los puertorriqueños podían creer tan fácilmente que la misteriosa criatura que mataba a su ganado era otro ejemplo de que el gobierno de los EE. UU. usaba su hogar como laboratorio incluso cuando ponía a las personas en peligro.

CAPÍTULO 3
Brazos peludos y tres dedos en los pies

La gente en Puerto Rico estaba empezando a entender lo que hacía el Chupacabras. Pero, ¿qué aspecto tenía exactamente?

Eso dependía del informe que leyera una persona. Al principio, la gente solo veía el daño que dejó el Chupacabras. La criatura había desaparecido cuando se descubrieron sus víctimas. El primer avistamiento publicado de la criatura en sí vino de la ciudad de Caguas en noviembre de 1995. El testigo afirmó que el monstruo había irrumpido en su casa y que tenía los brazos peludos y enormes ojos rojos. Dijo que el Chupacabras destripó un oso de peluche y escapó por una ventana, dejando atrás un rastro de baba y un trozo de carne blanca.

No mucho después de ese informe, un residente de Canóvanas afirmó que él también había visto al Chupacabras. Pensaba que pertenecía a la familia de los monos, pero no era un mono.

Tenía aproximadamente cuatro pies de altura y no tenía cola. En ambas descripciones, el Chupacabras caminaba erguido sobre dos piernas.

Un testigo afirmó que la criatura tenía la cabeza afeitada. Otro dijo que corría "como una gacela". Un ama de casa afirmó que lo había mirado a los ojos y le dijo: "Si eres el Chupacabras, eres un monstruo despreciable".

Uno dijo que la criatura estaba cubierta de plumas negras. Otro agregó que la piel le había cambiado de color de púrpura a marrón a amarillo, y que su cara permanecía gris oscuro.

Con tantas descripciones diferentes, era difícil saber cómo era el Chupacabras. Pero con el tiempo, la gente comenzó a estar de acuerdo en algunas cualidades de la criatura, y una imagen más clara comenzó a tomar forma. El Chupacabras medía entre 3 y 5 pies de altura. Tenía ojos negros grandes e inclinados que a veces brillaban rojos, y tenía orejas puntiagudas.

Pero apareció una descripción que se hizo la más popular. De todas las personas que afirmaban haber visto el Chupacabras, ninguna fue más convincente que Madelyne Tolentino. Ella vivía en Canóvanas, un pueblo al este de San Juan. Vio a la criatura en agosto de 1995 cuando miraba por la ventana de su cocina. Madelyne dio la descripción más detallada del Chupacabras hasta el momento.

Tenía brazos y piernas delgadas, con tres dedos en cada mano y tres dedos en cada pie. No tenía orejas ni nariz, pero tenía dos pequeños orificios para respirar en la cara. También dijo que tenía plumas o algún tipo de púas que crecían de su espalda.

El artista Jorge Martín dibujó una imagen del Chupacabras basada en la descripción de Madelyne. La imagen salió en los periódicos junto con su historia. Como ningún Chupacabras había sido capturado o fotografiado, esa imagen y la descripción de Madelyne se convirtieron en lo más cercano al Chupacabras que la gente "había visto". Cuando la gente hablaba del Chupacabras en el otoño de 1995, generalmente imaginaban la criatura que Madelyne describió.

Jorge Martín

A principios de 1996, los avistamientos del Chupacabras se habían generalizado, desde su hogar original en la Cordillera Central hasta la costa este. Pero esto seguía siendo un fenómeno puertorriqueño. Las historias se difundían de boca en boca o en las noticias locales.

Cordillera Central

Pero más tarde, en 1996, el Chupacabras llamó la atención de Cristina Saralegui, una periodista cubanoamericana. Cristina era presentadora de un popular programa de entrevistas transmitido por la tarde, grabado en Miami, Florida, llamado *El Show de Cristina*.

El *Show de Cristina* era transmitido por Univisión, una cadena estadounidense con sede en la ciudad de Nueva York, y era visto en países de habla hispana en todo el mundo. El *Show* tenía un estimado de cien millones de ¡espectadores de todo el mundo!

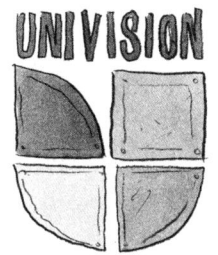

Cristina Saralegui (1948–)

Cristina María Saralegui de Ávila nació en Miramar, La Habana, Cuba. Ella y su familia emigraron a Miami, Florida, en 1960. Asistió a la Universidad de Miami, luego comenzó una carrera trabajando como periodista para revistas, incluida la versión en español de Cosmopolitan.

En 1989 comenzó a trabajar en TV, presentando su programa de entrevistas en español, *El Show de Cristina*. Al final de cada espectáculo, le mostraba a la audiencia un doble pulgar hacia arriba y les decía que siguieran adelante y nunca retrocedieran. Presentó su programa durante 21 años, hasta el 1 de noviembre de 2010. En 2012, comenzó a presentar un programa de radio: *Cristina Opina*.

En uno de los *shows*, Cristina invitó a José "Chemo" Soto, el alcalde de Canóvanas. El alcalde había dirigido cacerías para capturar al Chupacabras, trataba de atraerlo con chivos vivos como señuelos. Pero, no tuvo suerte. Le advirtió a la gente que si bien el monstruo solo había atacado animales, podría comenzar a atacar a personas cualquier día.

José "Chemo" Soto

Este único episodio del programa de Cristina convirtió al Chupacabras en una sensación internacional. Los avistamientos del animal fueron reportados inmediatamente en los EE. UU. y México. Y no se detuvo allí. Pronto hubo avistamientos en otros países también.

El primer reporte de la aparición del

Chupacabras en Estados Unidos vino de Miami, Florida, en marzo de 1996. La bestia en sí no fue vista, pero un investigador llamado Virgilio Sánchez-Ocejo había hecho moldes de yeso de huellas dejadas en la tierra. Para él, las huellas parecían pertenecer a una criatura desconocida, posiblemente no de este planeta.

Y los ataques y avistamientos del Chupacabras reportados en los EE. UU. continuaron, especialmente en áreas donde se hablaba español. Un niño en Tucson, Arizona, afirmó que el Chupacabras entró en su casa. Dijo que el monstruo entró por la puerta principal, dio un portazo detrás de él, caminó por la cocina y se sentó en su cama antes de saltar por la ventana. El niño dijo que el monstruo medía 3 pies de altura, con brazos largos y una nariz roja como el pico de un pájaro.

En abril, Patricia y Mario Méndez-Acosta, investigadores de la Ciudad de México, comenzaron

una búsqueda de la criatura que se detalló en la revista *Skeptical Inquirer*. La pareja vigilaba los corrales donde se decía que el Chupacabras había atacado animales.

Atraparon algunos animales, pero siempre el atacante resultó ser algún tipo de perro.

La falta de pruebas no impidió que el territorio del Chupacabras se expandiera por gran parte de América Latina. Se encontraron 9 cerdos muertos en Brasil. Se dijo que fueron asesinados 300 animales en Chile. Todos estos eran países donde la gente hablaba español o portugués, idiomas tan cercanos como para que los hablantes de ambos se entendieran.

Los nuevos avistamientos crearon más teorías sobre cómo la criatura pudo haber aparecido tan repentinamente. Una historia popular que se extendió por todo Chile afirmaba que tres soldados habían descubierto no solo un Chupacabras, sino tres. Parecían ser una familia de un macho, una hembra y un cachorro. Vivían cerca de una mina al norte de la ciudad de Calama.

Sin embargo, los soldados no pudieron mostrar sus Chupacabras al público, porque poco después del descubrimiento llegó un equipo de científicos de Estados Unidos. Trabajaban para la NASA, la Administración Nacional de Aeronáutica y del Espacio. Ellos estudian las áreas desconocidas del espacio y la ciencia planetaria.

Los soldados chilenos afirmaron que los científicos se llevaron los Chupacabras en un helicóptero. Los llevaron de vuelta al laboratorio de la NASA donde habían nacido. Aunque la

NASA pertenece a los EE. UU., el laboratorio estaba en el desierto de Atacama en Chile.

Se dijo que los Chupacabras eran parte de un experimento con el propósito de viajar al espacio. ¡Algunos creían que los científicos de la NASA intentaban crear un animal que pudiera sobrevivir en el planeta Marte!

Otros rumores sobre Chupacabras creados en laboratorio dieron a los científicos una misión más aterradora: que su objetivo era crear algún tipo de arma animal que luchara como soldado en las batallas. Pero, al igual que en la historia originada en Chile, se creía que algunos de sus animales escaparon y ahora andaban sueltos por América Latina.

¿Cuál fue la reacción del público ante estos informes? Los que dependían de los animales para ganarse la vida, los tomaban muy en serio. Al igual que el alcalde Soto, formaban patrullas para cazar a los monstruos. Pero otros pensaban que estas eran historias tontas inventadas. Para muchos en América Latina, la idea de un Chupacabras era aterradora pero también divertida. Puerto Rico

estaba orgulloso de que su monstruo local se hubiera convertido en una sensación. A finales de la década de 1990, no se había reportado la presencia del Chupacabras en El Salvador. Pero se vendían camisetas con el monstruo llegando al país, a menudo con una maleta cubierta de calcomanías que mostraban los lugares donde ya había sido visto, como México, Nicaragua y Argentina. Los ciudadanos locales no estaban seguros de si el Chupacabras entraría alguna vez a El Salvador, pero mientras tanto estaban listos para divertirse con su historia.

CAPÍTULO 4
Robo de la "fuerza vital"

Independientemente de cómo la gente se imaginara que sería el Chupacabras, sí sabían que le gustaba la sangre. El Chupacabras era un chupasangre, característica que siempre se asocia con los vampiros.

La palabra *vampiro* no existía en el idioma

Sekhmet

inglés hasta 1732, pero las criaturas chupadoras de sangre ya existían en diferentes mitos de todo el mundo. Se creía que la antigua diosa egipcia Sekhmet, que a menudo tomaba la forma de un gato, bebía sangre después de una batalla. Los griegos contaban leyendas de la Lamia, que le gustaba la sangre de los niños que dormían. Y los Estries del folclore judío necesitaban beber sangre para sobrevivir.

Los vampiros tienen diferentes habilidades dependiendo de quién cuente su historia. Algunos pueden transformarse en diferentes animales, otros no se pueden ver en los espejos, otros no pueden estar afuera durante el día. Pero hay dos cosas que definen lo que es un vampiro: que le roba la "fuerza vital" a sus víctimas, y se le culpa de muertes inesperadas.

El vampiro más famoso del mundo fue creado por Bram Stoker en 1897. Su nombre era Conde Drácula.

El Chupacabras no fue la primera criatura chupadora de sangre que existió en los países de habla hispana. Y los monstruos misteriosos ya ocupaban un lugar especial en Puerto Rico. Durante el Carnaval, la gente baila y canta en las calles. Algunos se disfrazan como personajes míticos conocidos como *vejigantes*. Llevan elaboradas máscaras de papel maché con cuernos, colmillos y ojos saltones. Aunque parecen feroces, las máscaras también son hermosas. Algunas

familias transmiten el arte de hacer máscaras a través de generaciones. Estas están tan ligadas a la cultura puertorriqueña que los turistas a veces las compran como recuerdos para exhibirlas en casa.

Bram Stoker (1847–1912)

Abraham "Bram" Stoker nació en Dublín, Irlanda. Fue el tercero de 7 hijos, y se graduó del Trinity College de Dublín. Le encantaba el teatro, y finalmente se mudó a Londres para trabajar en el Lyceum Theatre. Pasó años estudiando el folclore de los vampiros de Europa Central y del Este y creó el educado pero mortal personaje ficticio Conde Drácula, que todavía influye en las historias modernas sobre vampiros. La historia de Drácula se ha adaptado muchas veces al teatro, el cine y la televisión.

Puerto Rico y algunos países latinoamericanos tienen un pasado colonial. El colonialismo es cuando un país poderoso toma el control de un país más pequeño y de sus recursos naturales, como el oro o la madera, para enriquecerse, dejando poco para la gente de la colonia. De hecho, a veces los propios pueblos indígenas son el recurso natural para los países más poderosos que los esclavizan.

El comportamiento del país colonizador tiene mucho en común con el de un vampiro. Absorbe la "fuerza vital" del país más pequeño. Tal vez por eso los países latinoamericanos tienen tantos mitos sobre vampiros.

El Chupacabras no fue la primera criatura legendaria chupadora de sangre de animales en Puerto Rico. En 1975, se dice que animales de granja de la ciudad de Moca murieron por ataques similares a los del Chupacabras 20 años después. Algunos afirmaron haber escuchado fuertes chillidos o el batir de alas durante los ataques.

El monstruo fue conocido como el Vampiro de Moca, pero ¿podría haber sido la misma bestia que ahora llamamos Chupacabras? ¿Podrían realmente existir críptidos chupadores de sangre?

Los vampiros son criaturas sobrenaturales que se alimentan de sangre. Solo aparecen en películas e historias. Pero hay animales reales que se alimentan de sangre. Algunos de los más comunes son insectos, como las pulgas y los mosquitos, o gusanos, como las sanguijuelas. Y algunos son mamíferos, como el murciélago vampiro. Los murciélagos vampiros tienen pelo o pelaje en lugar de plumas o escamas, y nacen vivos en lugar de salir de un huevo. Los humanos también son mamíferos. Pero los murciélagos vampiros son los únicos mamíferos que viven solo de sangre.

Un murciélago vampiro come cada dos días. Se alimenta de ganado, reptiles, aves y, en casos raros, de personas. El murciélago generalmente ataca al animal cuando está durmiendo y lo muerde con sus dientes pequeños y afilados. Luego lame la sangre con su lengua, especialmente formada para canalizar la sangre rápidamente. Por lo general, un pequeño corte como el de un murciélago dejaría de sangrar rápidamente y formaría una costra. Pero su saliva contiene una sustancia que evita que el corte se cure antes de que él termine de comer. También contiene una sustancia que evita que el corte sea doloroso para el animal, por lo que a menudo la mordedura del murciélago ni siquiera despierta a su víctima.

Murciélago vampiro

Los murciélagos vampiros tienen otras habilidades que los ayudan a encontrar comida. Pueden sentir a un animal dormido respirando desde el aire, mientras vuelan. Pueden regresar al mismo animal para alimentarse varias noches seguidas. Cuando un murciéllago se posa en un animal, usa sensores de calor ubicados alrededor de su nariz para encontrar un lugar en el cuerpo del animal donde la sangre esté cerca de la piel.

Cuando termina de alimentarse, el murciélago usa sus fuertes patas traseras y su pulgar para impulsarse y salir volando rápidamente. También puede caminar con gracia usando sus patas y alas. Esto es muy útil cuando el murciélago quiere acercarse sigilosamente a un animal desde el suelo.

Todas estas habilidades del murciélago vampiro le ayudan a encontrar, comer y digerir la sangre que necesita para vivir. Si el Chupacabras también vive de sangre, necesitaría poder cazar y alimentarse como el pequeño murciélago vampiro. Los investigadores tendrían que examinar el cuerpo de un Chupacabras para ver si eso es cierto.

En agosto de 2000, un agricultor en Nicaragua afirmó tener finalmente el cuerpo de un Chupacabras para estudiarlo. ¿Tendría las respuestas que los científicos necesitaban?

CAPÍTULO 5
Extraños descubrimientos

Cinco años después de que el Chupacabras se mencionara en Puerto Rico, un agricultor llamado Jorge Talavera, de Malpaisillo, Nicaragua, afirmó haber matado a un Chupacabras. El Chupacabras había estado atacando granjas de la ciudad. Jorge dijo que estaba matando un promedio de 5 ovejas y una cabra cada noche, y que iba a rastrearlo. El 25 de agosto de 2000, Jorge y un amigo vigilaban sus ovejas durante la noche. Ya tarde, escucharon el balido de una cabra. Jorge vio extrañas criaturas moviéndose entre las ovejas y disparó su arma contra ellas. Hirió a una de ellas, pero aún así pudo huir.

Tres días después, un ranchero de su granja encontró al animal muerto en una cueva cercana.

Fuera lo que fuera, parecía que había estado muerto durante unos días. Otros animales ya se habían comido parte de él, pero todavía quedaba bastante. El peón llamó a Jorge para que lo viera. Jorge tuvo la certeza de que aquello eran los restos de la criatura a la que él le disparó. No

tenía orejas diminutas, ni vello corporal, y no se parecía a ningún animal que hubieran visto antes. Tampoco se parecía a las descripciones populares del Chupacabras. Sin embargo, Jorge estaba seguro de lo que estaba viendo.

La historia de Jorge fue noticia internacional. Desde todo el mundo llegaron opiniones sobre lo que había encontrado. Algunos dijeron que era un animal que había escapado de un circo. Otros que era una especie desconocida, de algún lugar de África. Un veterinario local pensó que era una combinación de muchas especies, creadas por científicos en un laboratorio.

Los restos fueron enviados a la Universidad Nacional Autónoma de Nicaragua y examinados por un equipo de científicos. Finalmente declararon que el animal era...

...un perro.

Un perro ordinario. Tal vez sufría de sarna, una enfermedad de la piel que hace que pierda el pelo. En cuanto a la boca del animal, no tenía nada que le diera la capacidad de chupar sangre, incluso usando una pajita.

Un perro con sarna

Jorge Talavera no fue ni el primero ni el último en decir que encontró un Chupacabras muerto. En 2002, un hombre encontró los restos de una criatura que yacía en una meseta en las afueras de Albuquerque, Nuevo México. Su cara parecía humana, pero tenía una cabeza puntiaguda, alas regordetas y una cola. Pensó que podría ser un

Chupacabras. Le dio los restos a un amigo, quien finalmente se los dio al Departamento de Caza y Pesca de Nuevo México. Esperaba que pudieran decirle lo que era.

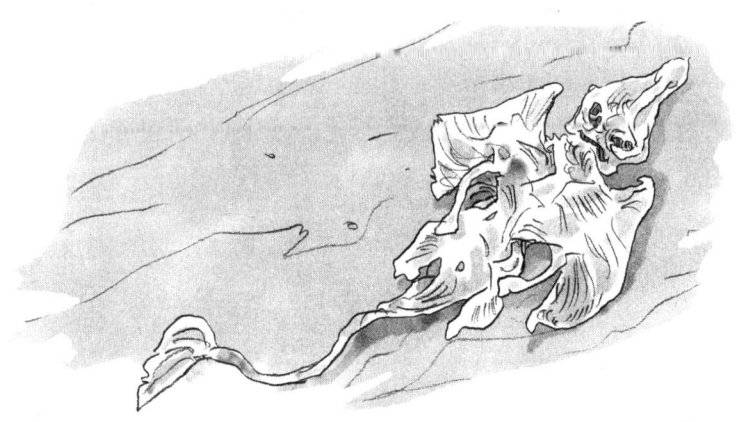

Pez raya seco conocido como "pez diablo"

El cadáver obviamente no era de un perro. Pero tampoco de un Chupacabras. ¡Era una raya! Las rayas son peces. Están relacionados con las mantarrayas. Las rayas también se conocen como "pez diablo" debido a su extraño aspecto y a cómo se pueden transformar. Los pescadores les recortan las "alas", la única parte que es comestible, lo que altera sus cuerpos para que parezcan demonios, ángeles o dragones. No era de extrañar que este cuerpo en el desierto pareciera un monstruo. Había sido alterado para que lo pareciera.

Durante la próxima década, muchos otros encontraron cuerpos parecidos al Chupacabras. Pero siempre resultaron ser algún tipo de perro, o coyote, o una mezcla de ambos.

No todos estaban convencidos de las conclusiones de los investigadores. Jorge Talavera acusó a los científicos de la universidad nicaragüense de robar el Chupacabras al que le había disparado y cambiarlo secretamente por un perro. No estaba completamente seguro de por qué harían tal cosa, pero estaba seguro de que el animal al que le disparó y que el peón del rancho encontró días después, no era un perro. Después de todo, le había chupado la sangre a sus ovejas. Él mismo lo había visto.

¿O no lo había visto?

Los coyotes

El coyote es familia de un tipo de lobo nativo de América del Norte. También se le conoce como lobo de la pradera y lobo de cepillo. Se alimentan de animales salvajes como reptiles, conejos y ciervos, pero también pueden cazar animales domésticos como pollos, ovejas y cabras.

Los coyotes, los perros y los lobos son tan cercanos que pueden cruzarse entre ellos. Los cachorros que paren son híbridos porque son una mezcla de más de un animal. Los híbridos coyote-lobo se llaman coyolobos, y los híbridos coyote-perro son coyoperros. Los coyotes se distinguen por los sonidos que hacen; sus aullidos se diferencian de los del lobo, porque se interrumpen por gritos y ladridos.

CAPÍTULO 6
Asesinos que no derraman sangre

Jorge Talavera supo que la sangre de sus ovejas había sido drenada en el momento en que las vio. Igual que los otros granjeros cuyos animales fueron atacados. Los periódicos, como *El Vocero*, tomaron la palabra de los agricultores textualmente. A menudo agregaban lenguaje dramático, como que "ni una gota de sangre" había quedado dentro de las víctimas.

Pero, de hecho, ninguno de los animales muertos fue examinado para ver cuánta sangre habían perdido. ¿Por qué la gente pensaría, con solo mirar al animal, que no le quedaba sangre dentro?

Hay razones por las que una persona podría llegar a esta conclusión. Primero, está lo que el agricultor espera ver. Él sabe que sus animales han sido asesinados por algún depredador, y espera que un ataque deje mucha sangre en el suelo. Después de todo, si un animal es herido o mordido, sangra como lo haría una persona. Cuando no hay charcos de sangre en el suelo y ni siquiera en el animal, puede parecer que la sangre ha desaparecido misteriosamente.

Cuando un animal está vivo, su corazón bombea la sangre por todo su cuerpo. La sangre circula a través de sus patas y de su cabeza. Es por eso que se derrama fuera del cuerpo cuando se corta la piel. Pero cuando un animal muere, su corazón deja de latir. La sangre deja de circular por su cuerpo. Baja como cualquier líquido, y termina acumulándose en cualquier parte del animal que esté más cerca del suelo.

Incluso si un granjero le cortara la piel a un animal muerto, probablemente no encontraría ninguna sangre. Es muy difícil saber cuánta sangre queda en el cuerpo de un animal muerto, es imposible que una persona esté segura con solo mirarlo. Por supuesto, una vez que se conocieron los hábitos del Chupacabras, la gente asumió aún más rápidamente que la sangre de sus animales había sido drenada.

Hay otra cosa que los granjeros encontraron en las víctimas: tenían heridas punzantes en el cuello, igual que las marcas que los colmillos del vampiro dejan en el cuello de sus víctimas en las películas. Estos dos agujeros parecían demasiado pequeños para matar a un animal tan grande como una cabra, oveja o vaca. Además, si los animales fueron atacados por otro depredador que no se alimentaba de sangre, ¿por qué no se los habían comido?

Una vez más, los testigos podrían estar influenciados por lo que *esperan* ver. Piensan que un animal como un coyote solo mataría a una cabra para comérsela. Pero, el ataque de un coyote u otro animal parecido a un perro se vería igual que el ataque de un Chupacabras. Los coyotes matan a los animales mordiéndoles la garganta detrás de la mandíbula y debajo de la oreja. Esa mordida en el cuello impide que el animal respire.

Después de morderle el cuello a un animal, un coyote correría hacia otro animal y lo mordería también. Un solo coyote podría matar a una docena de animales antes cansarse o decidir comerse uno.

Por muy misteriosos y extraños que les parecieran a algunos de los granjeros, este tipo de ataques de animales son bastante frecuentes en la naturaleza. Tal vez los testigos simplemente no entendieron lo que estaban viendo. Incluso cuando las personas están tratando de ser precisas, a menudo se equivocan acerca de lo que vieron. O *cuándo* lo vieron. O *si* de verdad lo vieron.

CAPÍTULO 7
El problema de la memoria

En esa época, todos los cuerpos de animales que la gente encontraba se decía que eran Chupacabras, pero cuando la gente se imaginaba la criatura, generalmente pensaba en una imagen basada en la descripción de Madelyne Tolentino en 1995: el de

Madelyne Tolentino

ojos oscuros alargados y dedos largos y delgados. Tal vez esta imagen se reforzaba porque los espectadores en ese momento estaban viendo una criatura similar en los cines.

Species fue una película de monstruos sobre

una criatura llamada Sil, mitad humana, mitad alienígena, creada en un laboratorio. Sil se parecía a lo que Madelyne había descrito. Tenía los mismos ojos y dedos largos y los mismos picos en su espalda. Ninguno de los dos tenía orejas. Cuando Sil mataba algo, lo hacía succionando su sangre y sus órganos.

Sil compartía otras cualidades con la descripción que hizo Madelyne del Chupacabras que no eran muy conocidas. Madelyne les dijo a algunos investigadores de Puerto Rico que el Chupacabras dejaba un tipo de baba en los animales que mataba. Dijo que parte de esa baba fue enviada a una señora en Pensilvania que la hizo analizar, y el análisis demostró que

la baba parecía provenir de un lugar fuera de la Tierra.

No existen registros de la baba que se analizó. La señora que según Madelyne la analizó negó incluso haber oído hablar de la baba. Sil, el monstruo ficticio de *Species*, también se comportaba como el Chupacabras de Madelyne: dejaba atrás una baba, gruñía y saltaba grandes distancias.

Species se proyectó en los cines de Puerto Rico unas semanas antes de que Madelyne afirmara que vio el Chupacabras en su patio. En una entrevista, incluso habló sobre la película. Pensaba que había sido muy útil que mostrara a Sil parecida al Chupacabras. Pensaba que la trama se basaba en los eventos ocurridos. La primera escena tuvo lugar en un observatorio en Puerto Rico.

Pero el monstruo Sil no se basaba en el Chupacabras. Fue creada por un artista llamado H. R. Giger antes de que apareciera cualquier informe del Chupacabras.

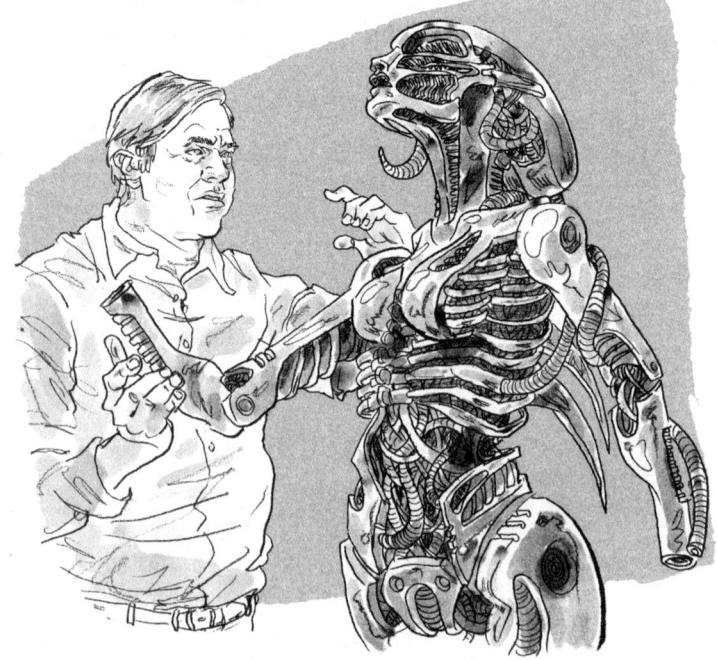

¿Significa esto que Madelyne simplemente fue influenciada por la película *Species* y que estaba mintiendo cuando describió el Chupacabras que vio? Tal vez no.

No es inusual que una persona recuerde, o piense que recuerda, algo que nunca sucedió, o algo sobre lo que solo escuchó o vio en una película.

Las personas pueden crear "recuerdos falsos" y creer que esos recuerdos son verdaderos. El cerebro humano es capaz de llenar los vacíos en la memoria con información falsa, incluyendo imágenes, sonidos y emociones, que pueden parecer muy reales.

H. R. Giger (1940–2014)

Hans Ruedi Giger nació en Chur, Suiza. Su padre quería que fuera farmacéutico, pero en lugar de eso estudió arquitectura y diseño industrial en la Escuela de Artes Aplicadas de Zurich, Suiza. Allí Hans se hizo conocido por sus extraños dibujos, que mezclaban seres humanos con máquinas. Su obra de arte apareció en carteles y revistas. En la década de 1970, cuando la gente compraba música en discos de vinilo y casetes, las ilustraciones de Hans a menudo aparecían en las portadas de los álbumes. Su estilo finalmente lo llevó a Hollywood para trabajar en efectos especiales de películas. Su creación más famosa fue el monstruo aterrador de la película Alien, que le valió a él y a su equipo un Premio de la Academia por Efectos Visuales en 1980.

Esto explicaría por qué el recuerdo de Madelyne de haber visto el Chupacabras se parecía tanto a la película que vio. También explicaría su descripción detallada de la criatura, como si la hubiera estudiado de cerca. Madelyne podía "recordar" que lo que fuera que vio a través de la ventana de la cocina tenía ojos alargados y dedos flacos. Ella podía "recordar" que recolectó baba para ser analizada. Recordaba estas cosas, aunque nunca hubieran sucedido.

CAPÍTULO 8
El Chupacabras se hace famoso

A mediados de la década de 1990 el Chupacabras parecía estar presente en toda América Latina. Hoy en día, es mucho menos reportado. Pero aunque no esté en los titulares la criatura no ha sido olvidada. Se convirtió en una estrella internacional muy rápidamente, y sigue siendo uno de los críptidos más conocidos del mundo. Su nombre se hizo tan famoso como *Bigfoot* o el Monstruo del lago Ness.

Todavía es fácil encontrar el Chupacabras en camisetas y otras prendas. Hay juegos de cartas, modelos y juguetes Chupacabras, incluidos peluches. Incluso aparece en libros ilustrados para niños escritos tanto en inglés como en español.

Rudolfo Anaya

El autor neomexicano Rudolfo Anaya escribió su historia de aventuras *Curse of the Chupacabras* y su secuela, *Chupacabras and the Roswell UFO*, para jóvenes. *Los Cuatro Fantásticos*, un equipo de superhéroes de *cómics*, se han enfrentado al monstruo en Puerto Rico.

El Chupacabras incluso ha sido objeto de música popular. En 2021 la Randy Rogers Band se unió a la banda mexicana La Maquinaria Norteña para lanzar la canción "Chupacabras". Tenía versos en inglés y español, incluyendo: "Caes al suelo como si fuera una piñata, giras las caderas como una enchilada, la sacudes como si no significara nada... ¡así es como haces el Chupacabras!".

El Chupacabras no siempre tiene que ser aterrador. De hecho, las películas en español que lo han representado son a menudo comedias. Pero también ha aparecido en historias de terror. Solo un par de años después de aparecer, el Chupacabras fue el tema de un episodio de un programa de televisión estadounidense muy popular, *The X-Files*. En el episodio, llamado *El mundo gira,* una emigrante de México que vivía en California es asesinada. Parece que algo trató de comérsela también, por ello algunas personas culparon al Chupacabras por su muerte. Pero las circunstancias de su muerte no coinciden con los informes de la vida real de cómo mata la criatura. Esos detalles eran muy bien conocidos, por lo que los escritores del programa sabían que muchas personas estaban familiarizadas con ellos.

En la película *Chupacabras Terror,* estrenada en 2005, un criptozoólogo logra capturar a la criatura en una isla caribeña. Luego trata de llevarlo de regreso a los Estados Unidos en un crucero de lujo. Naturalmente, el monstruo logra soltarse y pone a todos los pasajeros en peligro.

En *A Mexican Werewolf in Texas,* de ese mismo año, un grupo de adolescentes

The X-Files

The X-Files se estrenó el 10 de septiembre de 1993. Se centró en dos agentes de la Oficina Federal de Investigaciones, Fox Mulder y Dana Scully, que investigaron casos que parecían tener orígenes sobrenaturales o alienígenas. Mulder creía que los seres alienígenas y otros monstruos ya estaban en la Tierra, y el gobierno estaba ocultando su presencia al público. Scully, un médico, buscó explicaciones más científicas para los casos que encontraron. En el apogeo de su popularidad, *The X-Files* tuvo una audiencia de más de 19 millones de espectadores cada semana en los Estados Unidos. El programa terminó en mayo de 2002, pero inspiró dos largometrajes, los libros de cómics *The X-Files* y el renacimiento de otra temporada en 2016.

Los fanáticos aún reconocen el lema de la serie: La verdad está ahí fuera.

estadounidenses rastrean al Chupacabras que está atacando su ciudad.

Mucho después de que el Chupacabras dejara de cazar animales en América Latina, siguió siendo un nombre familiar en todo el mundo. ¡Incluso había un *spray* repelente Chupacabras disponible en Internet! Su creador juraba que lo había estado usando durante décadas y aún no había conocido al monstruo, por lo que asumió que funcionaba muy bien. Pero mientras algunas personas se preguntan

cómo mantener al Chupacabras lejos de aquí, de
la Tierra, otros están mirando hacia los cielos.

CAPÍTULO 9
Criaturas extraterrestres

La historia de la segunda explicación más popular sobre el origen del Chupacabras comienza lejos de los Estados Unidos, en el espacio exterior.

Incluso antes de que el Chupacabras se hiciera famoso, Puerto Rico tenía una relación especial con los ovnis (Objetos voladores no identificados). Ese es el nombre dado a los objetos extraños vistos en el cielo que no pueden ser explicados. El entusiasta de los ovnis, Carlos Torres, afirma que cientos de avistamientos de ovnis han sido reportados solamente en Puerto Rico desde la

década de 1930. Algunos de ellos incluso han sido capturados en video, aunque, por supuesto, nadie sabe qué son realmente.

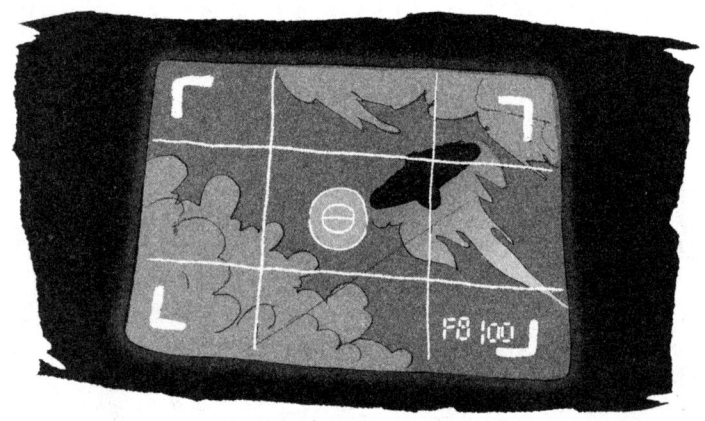

Avistamiento de un ovni

Muchos creen que en las aguas profundas frente a la costa de la isla, hay un objeto sumergido no identificados (USO por sus siglas en inglés), que podría ser una nave espacial. Estos son objetos vistos bajo el agua que no pueden ser explicados. Está ubicado en la región de Lajas, no lejos del Refugio Nacional de Vida Silvestre Laguna Cartagena. Hay quienes dicen que han visto más de un barco hundirse y salir del agua, lo que ha llevado a algunos residentes a creer que podría haber una base debajo de las olas donde los barcos pueden despegar y acuatizar. También se han reportado barcos que vuelan dentro y fuera del lago de Cartagena, no lejos del refugio de animales.

A unas 35 millas de Lajas, la Fundación Nacional de Ciencias de los EE. UU. también está mirando al cielo y estudiando el espacio exterior en el Observatorio de Arecibo.

El 18 de noviembre de 1995, cuando se reportaron muchos ataques de Chupacabras en las noticias, se vio un disco no identificado sobre las antenas de una estación de radio en el centro de

Puerto Rico. Los controles de radio de la estación comenzaron a comportarse de manera extraña sin ninguna razón. Aún más impactante, se dice que un viejo equipo de 1957 que estaba almacenado allí se encendió sin siquiera estar enchufado.

Muchos creen que estos informes son evidencia de visitantes alienígenas, y que ellos son los responsables del Chupacabras. Tal vez, al

igual que en la película *Species,* el Chupacabras era en parte alienígena, creado en la Tierra con la ayuda de extraterrestres. Otros han sugerido que el Chupacabras es una sonda alienígena, enviada para recolectar sangre en la Tierra para ser estudiada en otros planetas. Algunos piensan que el monstruo fue traído a la Tierra para probar la atmósfera para que los alienígenas pudieran visitar el planeta de manera segura. O tal vez la criatura era una mascota extraterrestre que escapó mientras sus dueños alienígenas visitaban la Tierra.

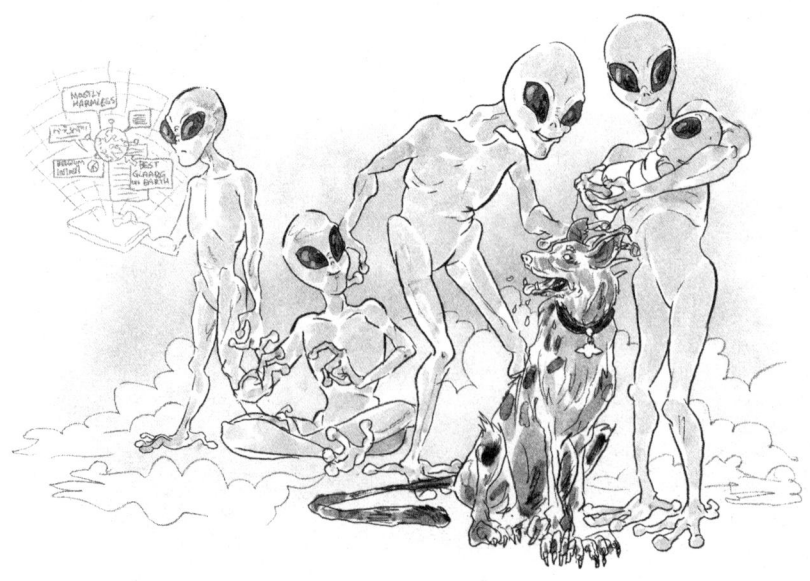

Hoy en día, los informes de ataques de Chupacabras son raros. El último pudo haber sido en 2010, cuando dos hombres acusaron al críptido de matar unos 20 pollos en Horizon City, Texas.

El telescopio de Arecibo

El Observatorio de Arecibo tenía un telescopio de mil pies de ancho. Cuando fue construido en 1963, era el más grande del mundo, con un plato reflectante que cubría 118 acres. Fue utilizado para estudios astronómicos de la atmósfera, los planetas y los meteoros. Las zonas tropicales son buenas para los telescopios porque los planetas son muy visibles desde esa parte de la Tierra. Arecibo se eligió entre otros lugares tropicales como Hawaii porque en un sumidero (una gran depresión natural en el suelo) que había allí podía caber el plato del telescopio. Cientos de científicos de todo el mundo utilizan el Observatorio de Arecibo para sus investigaciones.

El telescopio de Arecibo se utilizó para buscar inteligencia extraterrestre o "fuera de la Tierra". En 1974, el observatorio envió un mensaje de radio sobre la vida en la Tierra a un cúmulo estelar distante. Este también fue utilizado en algunas escenas de la película *Species*. El 1 de diciembre de 2020, la plataforma que soportaba el plato del telescopio gigante colapsó y lo destruyó. El plato no pudo ser reparado, pero el observatorio en sí reabrió en marzo de 2022. Muchos turistas se alistaron ansiosamente para visitarlo, y los científicos continúan investigando en el sitio.

Pero la gente todavía dice haber visto criaturas que creen que podrían ser el Chupacabras. Después de todo, nadie sabe aún cómo es realmente el Chupacabras. Tal vez algún día alguien pueda capturar uno y estudiarlo. O tal

vez el Chupacabras ya ha comido hasta saciarse y se ha escondido donde los criptozoólogos y los científicos del gobierno no pueden encontrarlo. ¡Pero sabemos con certeza que seguirán buscando!

Teorías de conspiración

Muchas ideas sobre el origen del Chupacabras se basan en teorías de conspiración, creencias de que realmente es el resultado directo de un plan secreto. Aunque las teorías de conspiración a menudo suenan lógicas al principio, generalmente se basan en emociones como la ira o el miedo, no en hechos. A veces, cuando las personas no entienden algo o simplemente no les gusta cómo son las cosas, desarrollan una teoría (una opinión o explicación) que dicen que es el resultado de un plan secreto llevado a cabo por personas poderosas.

Las teorías de conspiración surgen porque puede ser más fácil pensar que las cosas malas en el mundo son parte de un complot entre bastidores en lugar de aceptar las cosas como son.

Cronología del Chupacabras

1974 — El Observatorio de Arecibo envía un mensaje de radio a un cúmulo estelar distante

1975 — Se dice que la criatura conocida como el Vampiro de Moca mata animales en el pueblo de Moca, Puerto Rico

1995 — Un animal desconocido mata las cabras del granjero Francisco Ruiz en Humacao, Puerto Rico

— El *Vocero* publica los primeros relatos del Chupacabras

— Madelyne Tolentino hace una descripción detallada del Chupacabras

— Se reporta que el Chupacabras ingresa a una casa en Caguas, Puerto Rico

1996 — El Chupacabras es un reportaje destacado en *El Show de Cristina*

— Una huella de Chupacabras es supuestamente encontrada en Miami, Florida

— Un niño en Tucson, Arizona, dice haber visto al Chupacabras en su cuarto

2005 — Se estrena la película *Chupacabras Terror*

2013 — Los Cuatro Fantásticos luchan contra el Chupacabras en el cómic *Fantastic Four: Island of Death*

2020 — Se derrumba la plataforma que sostiene el telescopio en el Observatorio de Arecibo

2022 — Reabre el centro de visitantes del Observatorio de Arecibo

Cronología del Mundo

1974 — El acróbata francés Philippe Petit camina sobre un cable colgado entre las Torres Gemelas en la ciudad de Nueva York, a 1350 pies sobre el suelo

1976 — Estados Unidos celebra su bicentenario cuando el país cumple 200 años

1983 — McDonald's agrega McNuggets de pollo a su menú

1987 — El primer Starbucks fuera de los EE. UU. abre en Vancouver, Canadá

1990 — Tim Berners-Lee crea el primer servidor web, la base de la *World Wide Web*

1994 — Angela Berners-Wilson se convierte en la primera mujer sacerdote de la Iglesia de Inglaterra

2003 — China lanza la primera misión espacial tripulada en la nave espacial *Shenzhou*

2006 — La Unión Astronómica Internacional degrada a Plutón de planeta a planeta enano

2009 — Sonia Sotomayor, hija de padres puertorriqueños, se convierte en la primera jueza latina de la Corte Suprema

2011 — La NASA lanza Juno, la primera nave espacial alimentada por energía solar, para explorar los planetas exteriores del sistema solar

2019 — Se identifica el primer caso de COVID-19 en Wuhan, China

Bibliografía

*Libros para lectores jóvenes

Akers Gozdecki, Kristen. "Puerto Rico UFOs." Clip from *UFO Files*,
"Deep Sea UFOs" (season 3, episode 2). History. January 9,
2006. https://www.history.com/videos/puerto-rico-ufos.

Encyclopedia of the Unusual and Unexplained, Creatures of the
Night: Chupacabra. http://www.unexplainedstuff.com/
Mysterious-Creatures/Creatures-of-the-Night.html.

*Ha, Christine. *Chupacabra*. Mendota Heights, MN: North Star
Editions, 2022.

Radford, Benjamin. *Tracking the Chupacabra: The Vampire
Beast in Fact, Fiction, and Folklore*. Albuquerque: University
of New Mexico Press, 2011.

Staff Report. "Report: Chupacabra Attacks Farm Animals." *El Paso
Times*, June 28, 2016. https://www.elpasotimes.com/story/
news/weird-news/2016/06/28/report-chupacabra-attacks-
farm-animals/86456618/.

US Department of Agriculture Forest Service. "The US Military and
El Yunque National Forest." https://www.fs.usda.gov/detail/
elyunque/learning/history-culture/?cid=fseprd726155.